BEI GRIN MACHT SICH IHR WISSEN BEZAHLT

- Wir veröffentlichen Ihre Hausarbeit, Bachelor- und Masterarbeit

- Ihr eigenes eBook und Buch - weltweit in allen wichtigen Shops

- Verdienen Sie an jedem Verkauf

Jetzt bei www.GRIN.com hochladen und kostenlos publizieren

Bibliografische Information der Deutschen Nationalbibliothek:

Die Deutsche Bibliothek verzeichnet diese Publikation in der Deutschen Nationalbibliografie; detaillierte bibliografische Daten sind im Internet über http://dnb.d-nb.de/ abrufbar.

Dieses Werk sowie alle darin enthaltenen einzelnen Beiträge und Abbildungen sind urheberrechtlich geschützt. Jede Verwertung, die nicht ausdrücklich vom Urheberrechtsschutz zugelassen ist, bedarf der vorherigen Zustimmung des Verlages. Das gilt insbesondere für Vervielfältigungen, Bearbeitungen, Übersetzungen, Mikroverfilmungen, Auswertungen durch Datenbanken und für die Einspeicherung und Verarbeitung in elektronische Systeme. Alle Rechte, auch die des auszugsweisen Nachdrucks, der fotomechanischen Wiedergabe (einschließlich Mikrokopie) sowie der Auswertung durch Datenbanken oder ähnliche Einrichtungen, vorbehalten.

Impressum:

Copyright © 2014 GRIN Verlag
Druck und Bindung: Books on Demand GmbH, Norderstedt Germany
ISBN: 9783668802193

Dieses Buch bei GRIN:

https://www.grin.com/document/441379

Katharina Niebergall

Synthese von Hexamin-Nickel(II)-Chlorid

GRIN Verlag

GRIN - Your knowledge has value

Der GRIN Verlag publiziert seit 1998 wissenschaftliche Arbeiten von Studenten, Hochschullehrern und anderen Akademikern als eBook und gedrucktes Buch. Die Verlagswebsite www.grin.com ist die ideale Plattform zur Veröffentlichung von Hausarbeiten, Abschlussarbeiten, wissenschaftlichen Aufsätzen, Dissertationen und Fachbüchern.

Besuchen Sie uns im Internet:

http://www.grin.com/

http://www.facebook.com/grincom

http://www.twitter.com/grin_com

Praktikum zum Modul "Chemie der Übergangsmetalle"

SS 2014

Protokoll

Synthese von Hexamin-Nickel(II)-Chlorid

($[Ni(NH_3)_6]Cl_2$)

Katharina Niebergall
Fakultät für Chemie und Mineralogie
Universität Leipzig

1. Themenkomplex:
- Koordinationschemie

2. Name des Präperates:
- Hexamin-Nickel(II)-Chlorid ([Ni(NH$_3$)$_6$]Cl$_2$)

3. Theorie:

a) Über Komplexe:

Komplexe bestehen aus einem Zentralatom/-ion, welches von Liganden umgeben ist, oder anders gesprochen: Die Liagnden koordinieren um das Zentralatom/-ion. Dabei können unterschiedliche Zahlen von Liganden an ein solches zentrales Teilchen binden. Die Koordinationszahl gibt an wie viele Donoratome an das zentrale Teilchen binden.

Man unterscheidet allgemein auch Ion/Ion-Komplexe und Ion/Dipolkomplexe, diese Bezeichnungen kennzeichnen die Art der Bindung zwischen Zentralion und Liganden.

Die gängige Theorie das Verhalten und die Struktur von Komplexen zu beschreiben ist die Ligandenfeld- Theorie, diese reduziert alle Liganden und die d-Elektronen des Zentralatom/-ions auf Punktladungen, welche sich "annähern".

Die unterschiedlichen Koordinationszahlen der Komplexe verursachen ebenso unterschiedliche Anordnungen um das Zentralion. Die häufigsten Koordinationszahlen sind 2, 4 und 6. Die jeweiligen Anordnungen sind sowohl vom Zantralion als auch von den Liganden abhängig. Ob ein Komplex mit der Koordinationszahl 4 Quadratisch Planar oder Tetraedrisch ist lässt sich anhand der Hybridisierung ablesen so hat die Quadratisch Planare Anordnung im Tetracyano-Nickelat(II) eine Elektronenkonfiguration von dsp^2 und der Tetrachloro-Nickelat(II)-Komplex mit seiner Tetraedrischen Struktur eine sp^3 Hybridisierung. Welche Koordination bevorzugt wird ist sowohl von sterischen Gründen als auch von der Stärke der Aufspaltung des Ligandenfelds abhängig. Welcher Ligand wie stark das jeweilige Ligandenfeld aufspaltet lässt sich zumindest qualitativ aus der Spektrochemischenreihe ablesen.

Komplexe sind in der Lage in Ligandenaustauschreaktionen eine Art der Liganden durch eine andere auszutauschen, dadurch lassen sich beispielsweise Farbänderungen bei Reaktionen erklären. Die Farben der Komplexe sind von Elektronenübergängen abhängig und welche Energie dabei in Form von Licht frei wird. Die Intensität der Farben ist davon abhängig ob die jeweiligen Übergänge erlaubt sind.

Auch der Magnetismus eines Komplexes kann durch die Elektronenkonfiguration und die Hybridisierungen vorhergesagt werden. Allgemein kann man sagen, dass high-spin Komolexe häufiger höhere magnetische Momente haben, also häufiger paramagnetisch sind als low-spin Komplexe, da diese eine gerine Spinmultiplizität bevorzugen.

b) Der Hexamin-Nickel(II) Komplex:

Der Hexamin-Nickel(II) Komplex ist ein blauer, paramagneter Komplex in oktaedrischer Anordnung ohne eine Jahn-Teller-Verzerrung, da die Orbitale symetrisch besetzt sind. Das Zentralion ist Nickel in der Oxidationsstufe 2 und hat die Elektronenkonfiguration d^8s^0 die Liganden sind Ammoniak-Moleküle. Ammonial ist ein mittelstarker Ligand. Die Aufspaltung sei hier einmal schematisch dargestellt:

Die paramagnetischen Eigenschaften dieses Komplex erklären sich durch die ungeparten Elektronen im e_g Orbital. Die Hybridisierung sp^3d^2 lässt sich durch diese Eigenschft und die gegeben Elektronenkonfiguration ebenfalls ablesen.

Der Literaturwert des Magnetismus ist 4,2 B.M. Obwohl die Berechnung durch die Spin-Only-Gleichung einen Wert von $2*(2)^{1/2}$. Dieser erhebliche Unterschied kommt durch die nicht berücksichtigung der Wechselwirkungen zwischen den einzelnen Elektronen durch die Spin-Only-Gleichung.

Die Farblichen Eigenschaften lassen sich anhand der Elektronenübergänge erklären, wobei die intensive blaue Farbe nicht durch einen d-d Übergang begründet wird, sondern durch einen Charchtransfer übergang, der abhängig ist vom Liganden. Trotzdessen gibt es eine Thermaufspaltung, die Elektronenübergänge zulässt und so bei spektroskopischer betrachtung ein Bandenmuster ergibt. Der bei d^8 übliche ^3F Therm wird in $^3A_{2g}$ $^3T_{2g}$ und $^3T_{1g}$ augespallten, durch diese Aufspalltung lassen sich die 2 Banden bei spektroskopischen Untersuchung erklären.

Die Übergänge zwischen den aufgespallteten Energieniveas sind nicht spinverboten, da alle die gleiche spinmultiplizität haben allerdings sind sie Laportverboten, da es sich bei dem Übergang um einen d-d-Übergang handelt und Parit'tsverboten, da es ein Inversionszentrum gibt. Durch diese doppelt verbotenen Übergänge sind die spektroskopischen Banden nicht besonders intensiv.

Bevor der Hexamin-Nickel(II)- Komplex entsteht liegt ein Hexaaqua- Komplex vor, dieser zeigt eine grünliche Farbe, erst durch die Zugabe des NH_3 wird der Komplex blau.

Dadurch, das NH_3 (Δ_0= 10750 cm^{-1}) ein stärkerer Ligand ist als H_2O (Δ_0= 8500 cm^{-1}) ist die Aufspaltung des Oktaederligandenfelds größer, sprich das höchste noch besetzte Orbital (HOMO) wird energetisch abgesengt und der Übergang zum tiefsten nicht mehr besetzten Orbital (LUMO) energetisch höher und somit auch die Wellenlängen der sichbaren Farbe kürzer → aus einer grünen wird eine blaue/violette Substanz. Bei dem dafür verantwortlichen Elektronenübergang handelt es sich, wie schon oben erwähnt um eine Charge-Transfer- Übergang, dass ist ein Übergang vom Zentralion in ein π*Obital des Liganden (MLCT). Da dieser Übergang nicht verboten ist ist er Farblich viel intensiver und verursachtso die blaue Farbe.

c) *Bedeutung der einzelnen Arbeitsschritte:*

Das Lösen des $NiCl_2$ verursacht einen grünen Hexaaqua-Nickel(II)-Komplex.

Durch die Zugabe des Ammoniaks wird bereits der gewünschte Komplex gebildet durch die weitere Zugabe von NH_4Cl wird das gleichgewicht der Ammoniak-Lösung auf die Seite der erwünschten NH_3 Moleküle verschoben, es passiert der gewünschte Ligandenaustausch zwischen dem Wasser und dem Ammonik Liganden, wobei es auch Zwischenstufen gibt, bei der beide Liganden um das Zentralion koordinieren, allerdings sind diese nicht stabil.

Durch das gründliche Waschen des entstandenen Niederschlages mit Ammoniak und Ethanol werden eventuell noch gelöste Nickelionen gefällt. Der Ethanol entzieht dem Niederschlag dabei noch unerwünschtes Wasser.

Es ist darauf zu achten, dass der Niederschlag unter keinen Umständen mit Wasser überführt werden darf, da sonst die Gefahr besteht, dass NH_3 Liganden durch Wasser ausgetauscht werden. Auch sollte der Komplex auf keinen Fall zu heiß gemacht werden, da sich ab 175°C eine Sublimation ergibt, welche ebenfalls zum grünen Aquakomplex führt.

4. Literatur:

- Erwin Riedel, Christoph Janiak/Walter de Gruyter GmbH & Co. KG, Anorganische Chemie, de Gruyter, Berlin, 2007, S. 690ff
- Prof. Dr. Michael Binnewies, Manfred Jäckel, Prof. Dr. Helge Willner, Geoff Rayner-Canham/Frank Wigger, Martina Mechler, Allgemeine und Anorganische Chemie, Spektrum, Heidelberg, 2011, S. 279ff
- V. Wiskamp, Umweltfreundlichere Versuche im Anorganisch-Analytischen Praktikum, VCH Weinheim, 1995, S. 47
- http://www.chemie.hu-berlin.de/fachschaft/protokolle/ac1/07-hexamminnickel-2-chlorid.pdf
- http://www.chempage.de/lexi/lft2.jpg
- http://www-dick.chemie.uni-regensburg.de/studium/files/uv2.pdf
- http://158.64.21.3/chemistry/STS/phiwag/Nikomp.pdf
- http://de.wikipedia.org/wiki/Charge-Transfer-Komplexe
- http://www.ac2-weber.uni-bayreuth.de/de/download/magnetismus.pdf

(Seite 6)

5. Reaktionsgleichungen:

$NiCl_2 + 6NH_3 \rightarrow [Ni(NH_3)_6]Cl_2$

6. Ansatzgrößen:

- 2g $NiCl_2$ x $6H_2O$
- 0,4g NH_4Cl

7. Versuchsvorschrift:

Vorschrift:

Hexamminnickel(II)chlorid Präparationsvorschrift (Jander, Blasius):
50 ml einer konzentrierten Lösung von cobaltfreiem $NiCl_2 \cdot 6\ H_2O$ werden mit einem Überschuss von konzentrierter Ammoniak – Lösung versetzt, dann unter fließendem Wasser gekühlt und die beginnende Ausscheidung des $[Ni(NH_3)_6]Cl_2$ durch Zusatz einer ammoniaksalischen NH_4Cl – Lösung vervollständigt. Den Niederschlag saugt man ab, wäscht mit konzentrierter Ammoniak - Lösung, Ethanol und (Ether). An der Luft trocknen.

Hexamin-Nickel(II)-Chlorid Präperationsvorschrift (Umweltfreundlichere Versuche im Anorganischen Analyse Praktikum):
Eine Menge $NiCl_2 * 6H_2O$ werden in einem Becherglas mit ein wenig Wasser gelöst. Dann wird ein wenig gesättigte NH_4Cl-Lösung hinzugegeben und anschließend ausreichend konz. Ammoniaklösung. Eine Stunde die Lösung ins Eisbad stellen und die Kristalle absaugen. Der Niederschlag wird mit eiskalter konz. Ammoniaklösung gewaschen und im Exikator getrocknet.

Charakterisierung:
UV/VIS in Wasser / NH_{3conc}:
Magn. Moment:
Löslich in:
Fp:

Aussehen:

8. Entsorgung und Hinweise zu den Chemikalien:

- $NiCl_2$

GHS- Gafahrenstoffkennzeichnung: *"Gefahr"*

- H-Sätze:
  - H350i Kann bei Einatmen Krebs erzeugen.
  - H341 Kann vermutlich genetische Defekte verursachen (Expositionsweg angeben, sofern schlüssig belegt ist, dass diese Gefahr bei keinem anderen Expositionsweg besteht).
  - H360D Kann das Kind im Mutterleib schädigen.
  - H331 Giftig bei Einatmen.
  - H301 Giftig bei Verschlucken.

- H372 Schädigt die Organe bei längerer oder wiederholter Exposition.
- H315 Verursacht Hautreizungen.
- H334 Kann bei Einatmen Allergie, asthmaartige Symptome oder Atembeschwerden verursachen.
- H317 Kann allergische Hautreaktionen verursachen.
- H410 Sehr giftig für Wasserorganismen mit langfristiger Wirkung.

- P- Sätze:

- P273 Freisetzung in die Umwelt vermeiden.
- P281 Vorgeschriebene persönliche Schutzausrüstung verwenden.
- P302 Bei Berührung mit der Haut:
- P352 Mit viel Wasser und Seife waschen.
- P304 Bei Einatmen:
- P340 Die betroffene Person an die frische Luft bringen und in einer Position ruhigstellen, die das Atmen erleichtert.
- P309 Bei Exposition oder Unwohlsein:
- P310 Sofort Giftinformationszentrum oder Arzt anrufen.

EU-Gefahrenstpffkennzeichnung: Giftig (T) und Umweltgefährlich (N)

- NH_3

GHS-Gefahrenstoffkennzeichnung: *"Gefahr"*

- H-Sätze:

- H221 Entzündbares Gas.
- H331 Giftig bei Einatmen.
- H314 Verursacht schwere Verätzungen der Haut und schwere Augenschäden.
- H400 Sehr giftig für Wasserorganismen.

- P-Sätze:

- P210 Von Hitze / Funken / offener Flamme / heißen Oberflächen fernhalten. Nicht rauchen.
- P260 Staub / Rauch / Gas / Nebel / Dampf / Aerosol nicht einatmen.

- P280 Schutzhandschuhe / Schutzkleidung / Augenschutz / Gesichtsschutz tragen.
- P273 Freisetzung in die Umwelt vermeiden.
- P304 Bei Einatmen:
- P340 Die betroffene Person an die frische Luft bringen und in einer Position ruhigstellen, die das Atmen erleichtert.
- P303 Bei Berührung mit der Haut (oder dem Haar):
- P361 Alle kontaminierten Kleidungsstücke sofort ausziehen.
- P353 Haut mit Wasser abwaschen / duschen.
- P305 Bei Kontakt mit den Augen:
- P351 Einige Minuten lang behutsam mit Wasser ausspülen.
- P338 Eventuell vorhandene Kontaktlinsen nach Möglichkeit entfernen. Weiter ausspülen.
- P315 Sofort ärztlichen Rat einholen / ärztliche Hilfe hinzuziehen.
- P377 Brand von ausströmendem Gas: Nicht löschen, bis Undichtigkeit gefahrlos beseitigt werden kann.
- P381 Alle Zündquellen entfernen, wenn gefahrlos möglich.
- P405 Unter Verschluss aufbewahren.
- P403 An einem gut belüfteten Ort aufbewahren.

EU-Gefahrenstoffkennzeichnung: Giftig (T) und Umweltgefährlich (N)

- NH_4Cl

GHS-Gefahrenstoffzeichen: *"Achtung"*
- H-Sätze:
- H302 Gesundheitsschädlich bei Verschlucken.
- H304 Kann bei Verschlucken und Eindringen in die Atemwege tödlich sein.
- H310 Lebensgefahr bei Hautkontakt.
- H311 Giftig bei Hautkontakt.
- H312 Gesundheitsschädlich bei Hautkontakt.
- H314 Verursacht schwere <u>Verätzungen</u> der Haut und schwere Augenschäden.
- H315 Verursacht Hautreizungen.
- H317 Kann allergische Hautreaktionen verursachen.

- ⓘ H318 Verursacht schwere Augenschäden.
- ⓘ H319 Verursacht schwere Augenreizung

- P-Sätze:

- ⓘ P305 Reakton bei Kontakt mit den Augen:
- ⓘ P351 Einige Minuten lang behutsam mit Wasser ausspülen.
- ⓘ P338 Eventuell vorhandene Kontaktlinsen nach Möglichkeit entfernen. Weiter ausspülen.

EU-Gafhrenstoffkennzeichnung: *"Gesundheitsschädlich (Xn)"*

- Ethanol

GHS-Gefahrenstoffkennzeichnung: *"Achtung"*

- H-Sätze:

- ⓘ H225 Flüssigkeit und Dampf leicht entzündbar.

- P-Sätze

- ⓘ P210 Von Hitze / Funken / offener Flamme / heißen Oberflächen fernhalten. Nicht rauchen.

EU-Gaefahrenstoffkennzeichnung: Leichtentzündlich (F)

9. Beobachtungen und Bemerkungen:

Zunächst wurde das intensiv grüne $NiCl_2*6H_2O$ eingewogen und gelöst. Ducrh die Zugabe von Ammoniak und NH_4Cl färbte sich die Lösung violett und ein grob kristalliener ebenfalls blau violetter Niederschlag fiehl aus. Durch das Kühlen in einem Eisbad vervollständigte sich der Niederschlag. Die zunächst abgesaugten Kristalle waren sehr grobkörnig, aus der dabei entstandenen Mutterlaufe fiehl weiterer Niederschlag aus, welcher allerdings weit weniger große Kristalle hatte.

10. Auswertung:

- Ausbeuteberechnung:

Zwei Gramm $NiCl_2*6H_2O$ entsprechen bei einer Molarenmasse von 237,71 $g*mol^{-1}$ $8,414*10^{-3}$ mol. Das heißt die maximale Ausbeute beträgt

$8,414*10^{-3}mol*M([Ni(NH_3)_6]Cl_2)$= 1,95g. (M(Komplex)= 231,83 $g*mol^{-1}$)

Der hergestellte Komplex hatte eine Auswaage von 1,63g, dass entspricht einer Ausbeute von ca. 83,6%

$m([Ni(NH_3)_6]Cl_2)$= $[m(NiCl_2*6H_2O)*M([Ni(NH_3)_6]Cl_2)] / [M(NiCl_2*6H_2O)]$
Ausbeute in % = (m(gewogen)/m(errechnet))*100

- Charakterisierung:

Löslichkeit:

Der Komplex ist in allen unpolaren Lösungsmitteln löslich,
außerdem in verdünntem Ammoniak. Allerdings nicht in konz. Ammoniak und auch nicht in Alkoholen. (Die Literatur bestätigt diese Ergebnisse)

Schmelzpunkt:

Der experimentell ermittelte Wert des Zersetzungspunktes lag bei ungefähr 180°C die Zersetzung laut Literatur liegt bei 176,5°C.

Magnetismus:

Der vorliegende Komplex ist paramagnetisch durch die oben beschriebene Elektronenkonfiguration. Der Literaturwert für den Magnetismus liegt bei 4,2 B.M.
Die Messungen auf der Magnetwaage:

Proberöhrchen leer: 1,4484 g

R_0 = -75

Raumtemperatur = 26°C = 299K

c= 1,081

1.Messung:
Füllhöhe: 2,0 cm
Gesamtgewicht: 1,4501 g
Einwaage: 0,0212 g
R = 166

2. Messung
Füllhöhe: 2,2 cm
Gesamtgewicht: 1,4762 g
Einwaage: 0,0222 g
R = 148

Gesamtsuszesibilität X_g: [c* h* (R−R$_0$) * 10^{-9}]/m
1. Messung: 2,45 x 10^{-5} cm^3/g
2. Messung: 2,39 x 10^{-5} cm^3/g
Mittelwert: 2,42 x 10^{-5} cm^3/g

molare Suszeptilibität x_{mol}: x_g * M =2,42*10^{-5} cm^3/g* 231,83g/mol=5,62*10^{-3} cm^3/mol

Diamagnetische Korrektur:
Nickel: 1*(-12)*10^{-6}
NH$_3$: 6*(-18)*10^{-6}
Gesamt: -1,2*10^{-4}

x_{mol} (Korrektur) = x_{mol} – Diamagn. Korrektur =
μ_{eff} = 2,84 * (x_{mol} (Korrektur) * T)$^{1/2}$ = 3,72 [B.M.]

Dieser Wert weicht etwas vom tatsächlichen Wert ab. Dies hängt wahrscheinlich vor allem damit zusammen, dass die Magnetwaage von allen metallischen Gegenständen im Raum gestört wird.

UV/VIS-Spektroskopie:
Der Komplex wurde in verdünntem Ammonaik gelöst und spektroskopiert. Die Untersuchung ergab dabei folgendes Muster:

Im Infraroten Bereich bei der Wellenlängen 935nm sieht man den ersten d-d-Übergang, bei 573nm erscheint ein weiterer Piek im gelben Wellenbereich, dieser wird aber vom im violetten Bereich (361nm) liegenden dritten Peak überlagert, welcher durch einen Charge-Transfer-Übergang verursacht wird, dadzrch erscheinen uns die Kristalle violett.

Der Extinktionskoeffizient der Lösung für die untershiedlichen Wellenlängen lässt sich durch die Lambert-Beersche-Formel errechnen:

$E(\lambda) = \varepsilon(\lambda) \cdot c \cdot d$

Die Konzentration der Lösung beträgt 0,045 mol·l^{-1} die Küvettendicke war 1cm.

Wellenlänge in nm	Extinktionswert	Errechneter Extinktionskoeffizient (L·mol^{-1}·cm^{-1})
935	0,131	2,91
573	0,190	4,22
361	0,224	4,97

BEI GRIN MACHT SICH IHR WISSEN BEZAHLT

- Wir veröffentlichen Ihre Hausarbeit, Bachelor- und Masterarbeit

- Ihr eigenes eBook und Buch - weltweit in allen wichtigen Shops

- Verdienen Sie an jedem Verkauf

Jetzt bei www.GRIN.com hochladen und kostenlos publizieren